BEI GRIN MACHT SICH IHR WISSEN BEZAHLT

- Wir veröffentlichen Ihre Hausarbeit,
  Bachelor- und Masterarbeit

- Ihr eigenes eBook und Buch -
  weltweit in allen wichtigen Shops

- Verdienen Sie an jedem Verkauf

Jetzt bei www.GRIN.com hochladen und kostenlos publizieren

Myriam Dörr

Unterrichtseinheit: Die Uhr hat 24 Stunden

GRIN Verlag

Bibliografische Information der Deutschen Nationalbibliothek:

Die Deutsche Bibliothek verzeichnet diese Publikation in der Deutschen National-
bibliografie; detaillierte bibliografische Daten sind im Internet über http://dnb.d-
nb.de/ abrufbar.

Impressum:

Copyright © 2006 GRIN Verlag GmbH
Druck und Bindung: Books on Demand GmbH, Norderstedt Germany
ISBN: 978-3-656-56409-6

Dieses Buch bei GRIN:

http://www.grin.com/de/e-book/71424/unterrichtseinheit-die-uhr-hat-24-stunden

GRIN - Your knowledge has value

Der GRIN Verlag publiziert seit 1998 wissenschaftliche Arbeiten von Studenten, Hochschullehrern und anderen Akademikern als eBook und gedrucktes Buch. Die Verlagswebsite www.grin.com ist die ideale Plattform zur Veröffentlichung von Hausarbeiten, Abschlussarbeiten, wissenschaftlichen Aufsätzen, Dissertationen und Fachbüchern.

Besuchen Sie uns im Internet:

http://www.grin.com/

http://www.facebook.com/grincom

http://www.twitter.com/grin_com

Name: M.D.
Schule: Datum: 22.3.2006
Zeit: 8.00 - 8.45 Uhr
Klasse: 2
Ausbilder: Herr XX
Modul: Mathematik

Ausführliche Unterrichtsvorbereitung

zum Unterrichtsbesuch im Fach Mathematik

Thema der Unterrichtseinheit:

Die Uhrzeit

Thema der Unterrichtsstunde:

Die Einteilung der Uhr in 24 Stunden.

Gliederung

1. Situationsanalyse

1.1 Allgemeine Angaben zur Lerngruppe

Im Rahmen des eigenverantwortlichen Unterrichts erteile ich der Klasse 2 der XXX-Schule in XX das Fach Mathematik. Die Klasse besuchen derzeit zwanzig Kinder, neun Mädchen und elf Jungen. Drei Kinder sind ausländischer Herkunft: *XX* ist Türkin; sie beherrscht die deutsche Sprache gut, hat allerdings Probleme bei Textaufgaben. *XX* stammt aus Costa Rica und besucht die Klasse 2b erst seit den letzten Weihnachtsferien. Sie beherrscht nicht die deutsche, sondern nur die spanische Sprache. *XX* hat sich aus sozialem Gesichtspunkt gut in die Klasse integriert. Da sie allerdings aufgrund der sprachlichen Defizite sehr gehemmt ist, gestaltet sich ihre Integration in den Unterricht der Klasse noch sehr schwierig. *XX* kommt aus Pakistan. Er spricht und versteht die deutsche Sprache, hat allerdings Probleme Arbeitsaufträge zu erfassen und selbstständig auszuführen.

XX ist ein autistisches Kind. An drei Tagen in der Woche erhält er eine Schulbetreuung durch eine Heilpädagogin. (Frau XX ist auch mittwochs anwesend.) Es finden regelmäßig Hilfeplangespräche mit dem Jugendamt und dem autistischen Zentrum statt. Einmal im Monat treffen sich die Heilpädagogin, die Klassenlehrerin und XXs Eltern zu einem Gespräch in der Schule. Die Eltern leben getrennt, was für ihn eine Belastung darstellt. In den letzten 2-3 Wochen ist XX sehr unruhig.

Die Klasse 2 ist eine sehr aufgeschlossene und fröhliche Klasse. Die Kinder nehmen neue Mitschüler sehr herzlich auf. Genauso ist dies mit neuen Lerninhalten, welche die Schüler freudig in Angriff nehmen.

1.2 Lernvoraussetzungen in Bezug auf das Stundenthema

Die Klasse 2 hat zu Beginn dieses Jahres im Sachunterricht das Thema „Jahr, Jahreszeiten, Monate und Wochen" behandelt.

Bezüglich der vorliegenden Unterrichtseinheit ist zu erwähnen, dass die Schüler bereits im Sachunterricht erfahren haben, dass der Tag 24 Stunden hat. Im Mathematikunterricht haben sie alternative Zeitmessgeräte erprobt und den Aufbau sowie die Einstellung der Uhr und das Ablesen von Uhrzeiten erlernt.

Neben den unterrichtlichen Inhalten haben die Schüler in der Regel ein sehr unterschiedlich ausgeprägtes Vorwissen zum Themenkomplex rund um die Uhrzeit. Zum einen ist ihr Tagesablauf, insbesondere der Vormittag in der Schule, an Uhrzeiten gebunden. Zum anderen ist davon auszugehen, dass einige Schüler bereits eine eigene Uhr und Vorkenntnisse bezüglich des Ablesens von Uhrzeiten besitzen.

2. Die Stellung der Stunde in der Unterrichtseinheit

St.	Datum	Thema der Stunde	Lernziel
1.	20.3.	Messen von Zeitspannen mit alternativen Messgeräten. (Stationenarbeit) (Fortführung im Sachunterricht)	Die Schüler sollen alternative Zeitmessgeräte erproben.
2.	21.3.	Einführung in das Ablesen von vollen Stunden auf der analogen Uhr.	Die Schüler sollen volle Stunden von 1-12 Uhr auf der analogen Uhr einstellen, ablesen und benennen können.
3.	**22.3.**	**Die Einteilung der Uhr in 24 Stunden.**	**Siehe unter 5.**
4.	23.3.	Die Uhrzeit auf unserem Radiowecker (digitale Uhren). *- und -* Uhrzeiten bis auf 5 Minuten genau ablesen - analog und digital	Die Schüler sollen digitale Uhrzeiten auf die Analoguhr übertragen können. *- und -* Die Schüler sollen Uhrzeiten mit Minuten ablesen, benennen und auf der Analoguhr einstellen können.
5.	24.3.	Einführung der Begriffe „halb", „viertel vor" und „viertel nach".	Die Schüler sollen die Bedeutung der Begriffe „halb", „viertel vor" und „viertel nach" erlernen und anwenden können.
6.	27.3.	Übungen zu den beiden vorhergehenden Stunden.	Die Schüler sollen das bisher Gelernte üben und festigen.
7.	28.3.	Bestimmen und Berechnen von Zeitspannen.	Die Schüler sollen Zeitspannen (zwischen 2 vollen Stunden) berechnen können.
8.	29.3.	Bestimmen und Berechnen von Zeitspannen mit Stunden und Minuten.	Die Schüler sollen Zeitspannen mit Minuten berechnen können.
9.	30.3.	Bestimmen und Berechnen von Zeitspannen anhand von Alltagssituationen.	Die Schüler sollen 2 Uhrzeiten einem Sinnzusammenhang entnehmen und die Zeitspanne dazwischen berechnen können.
10.	31.3.	Stationenarbeit zur Wiederholung.	Die Schüler sollen das bisher Gelernte üben und festigen.
11.	3.4.	Lernspiele zur Übung und Festigung.	Die Schüler sollen das bisher Gelernte üben und festigen.

3. Sachanalyse

Die Frage: „Was ist Zeit?" haben sich schon viele Menschen gestellt. Dabei ist es entscheidend, aus welchem Gesichtspunkt ich die Zeit betrachte: Aus physikalischem, philosophischem, psychologischem, biologischem oder aus einem anderen (vgl. wikipedia zum Thema Zeit).

Kindern fällt es schwer, Zeitspannen und Zeitabläufe bewusst zu erfahren. „Objektive Zeit" ist physikalisch messbar und stützt sich auf konkrete Wahrnehmungsbegebenheiten, doch „subjektive Zeit" ist „erlebte Zeit" und daher abhängig von der Intensität der erlebten Ereignisse (Bausteine, S.150, vgl. auch Meyers Großes Taschenlexikon, Band 24, S.254). Kindern kommt eine einstündige Autofahrt viel länger vor, als eine Stunde toben auf dem Spielplatz.

Der Vergleich der Dauer unterschiedlicher Ereignisse erfordert eine Bezugsnorm. Diese kann in der Grundschule beispielsweise durch das Schwingen eines Pendels oder rhythmischem Zählen gebildet werden. Des Weiteren können eigene Messgeräte gebaut und erprobt werden (vgl. Keller & Pfaff, S.119). Doch zur exakten Bestimmung einer Zeitspanne und eines Zeitpunktes, benötigen wir unsere heutige genormte Uhr.

Unsere Uhr besteht aus einem großen Minuten- und einem kleinen Stundenzeiger. Das Ziffernblatt zeigt 12 Stunden, so dass der Stundenzeiger dieses während eines Tages 2-mal durchläuft. Die Minuten sind durch kleine Striche markiert, alle fünf Minuten ist ein etwas dickerer Strich. Doch das war nicht immer so. In der frühen Hochkultur ermöglichten Sonnenuhren, Schattenstäbe und Monduhren die Zeitmessung. Die Entwicklung dieser Geräte basierte auf astronomischen Erscheinungen. Anderen Zeitmessgeräten, wie Sand- und Wasseruhren lagen gleichförmig ablaufende Vorgänge zu Grunde. So ging die Entwicklung der Uhr ihren Weg über die Räderuhr als Wand- und später als Taschenuhr bis hin zur heutigen Digital-, ja sogar Funkuhr (vgl. Bausteine, S.150f, ausführlicher bei Meyers Großes Taschenlexikon, Band 22, S.318f).

Die Normalzeit, nach welcher wir heute unsere Uhren auf der ganzen Welt stellen, wurde 1883 durch internationale Vereinbarungen eingeführt. Dazu wurde die Weltkugel in 24 Zeitzonen eingeteilt, nach welchen wir unseren Tagesrhythmus bestimmen (vgl. Bausteine, S.151).

Für den gesamten Themenkomplex der Uhrzeit gilt, dass auch entwicklungspsychologische Aspekte zu beachten sind. Zu Beginn der Grundschulzeit leben die meisten Kinder noch im Hier und Jetzt. Vorstellungen, wie lange eine Woche dauert, oder was sie vor zwei Tagen gemacht haben, können sie noch nicht leisten. Angaben, wie „vor deinem Geburtstag hat erst noch der Papa Geburtstag", helfen den Kindern

Struktur in ihr Zeitempfinden zu bringen. Aus diesem Grund ist es beispielsweise sinnvoll, einen Geburtstagskalender mit der zusätzlichen Markierung wichtiger Feste in der Klasse zu erstellen (vgl. Nitschel & Rothe; Wittmann & Müller, S.71ff). Ziel ist es, bei den Kindern ein vielschichtiges Zeitbewusstsein herauszubilden.

4. Didaktisch-methodische Überlegungen

Das Thema der Uhrzeit entstammt dem unmittelbaren Alltag der Schüler. Sie sind schon von klein auf an feste Uhrzeiten gebunden. Manche Schüler besitzen ihre eigene Armbanduhr und auch der Klassensaal ist mit einer Wanduhr bestückt. Fragen wie „Wann ist Pause?" können dann von der Lehrkraft nicht mehr nur mit „Wenn der große Zeiger unten ist.", sondern mit Angabe der Uhrzeit beantwortet werden.

Das Thema spricht Kinder in der Regel sehr an, da sie ihr Wissen sofort im Alltag anwenden können und Spaß daran finden. Aber auch in ihrer Zukunft werden sie zunehmend an feste Zeiten gebunden sein.

Der Hessische Rahmenplan für die Grundschule widmet dem Thema „Zeit" im Mathematikunterricht eine ganze DIN A4-Seite. Ihm zufolge sollen die Schüler des 1. und 2. Schuljahres „in der Lage sein, die Uhrzeiten abzulesen, einzustellen und zu notieren" (S.161). Hierzu ist es Voraussetzung, die Einteilung der Uhr in 24 Stunden zu kennen.

Das sehr umfangreiche Thema der Zeit, welches in der Klasse 2b fächerübergreifend in Mathematik, Sachunterricht, Deutsch, Musik und Sport behandelt wird, wird in dieser Stunde auf diesen Aspekt reduziert. Um selbstständig im Umgang mit der Uhr und Uhrzeiten in ihrer Umwelt zu werden, ist es wichtig, dass die Schüler alle 24 Stunden der analogen Uhr zuordnen können. Daher wird dieser Aspekt intensiv und handlungsorientiert den Schülern vermittelt.

Die Stunde beginnt mit einem stummen Bildimpuls. Es ist zu erwarten, dass die Schüler von alleine darauf kommen, dass bei dem 2. Bild „13 Uhr", bzw. „1 Uhr" mittags gemeint ist. Sollte das nicht der Fall sein, wird dies im Gespräch erarbeitet. Dabei entsteht das Problem, dass unsere Uhr nur 12, der Tag aber 24 Stunden hat. Sollte sich diese Problemstellung nicht aus der Situation heraus ergeben, werden die Schüler gefragt, wie man die Uhrzeiten der Bilder auf der Uhr einstellen kann.

Alternativ hatte ich die Idee, mit einer Geschichte einzusteigen, in welcher es aufgrund der Doppeldeutigkeit der Bezeichnung „1 Uhr" zu einem Missverständnis zweier Personen kommt. Ich habe mich jedoch für den Bildimpuls entschieden, da die

Bilder das Problem der 2 „gleichen" Uhrzeiten meines Erachtens durch die Visualisierung deutlicher zum Ausdruck bringt. Die Bilder zeigen deutlich, dass trotz gleicher Uhrzeiten unterschiedliche Tageszeiten gemeint sind.

Der Unterricht setzt sich nun wie in der Strukturskizze beschrieben am Overheadprojektor fort. Durch die Verbalisierung der Uhrzeiten im Plenum können Kinder, die die Uhrzeiten eventuell schon beherrschen, ihr Können unter Beweiß stellen. Andere Schüler hingegen können sich das Thema noch erschließen. Das Sprechen im Kanon ist zudem sehr motivierend und bietet zugleich eine Kontrolle. Ich habe für den Overheadprojektor zwei unterschiedliche Uhren vorbereitet. Eine, auf welcher alle 24 Stunden und eine, auf welcher nur die Stunden von 1-12 eingetragen sind. Letztere benutze ich zu Beginn der Erarbeitungsphase. Erst ab „13 Uhr" lege ich die andere Uhr auf. Damit möchte ich erreichen, dass die Schüler selbst entdecken, dass „bei 1 Uhr auch 13 Uhr stehen müsste". Die Schüler sollen erkennen, dass 13 Uhr entsteht, indem sie zu 1 Uhr 12 („12 Stunden haben wir schon hinter uns") addieren. Haben sie dies verstanden, können sie sich die Uhrzeiten der 2. Tageshälfte selbst herleiten. Es sollen zudem Verbindungen zum Alltag der Kinder hergestellt werden, so dass die Schüler die Uhrzeiten ihrem Tagesablauf zuordnen können. In dieser Phase soll auch verdeutlicht werden, dass es in einem Fall 3 Bezeichnungen gibt, nämlich 0, 12 und 24 Uhr, wobei 0 und 24 Uhr auch noch das Selbe meinen.

Ich habe mich hier für die frontale Methode entschieden, um die Erarbeitung der Einstellung der Uhrzeiten selbst steuern zu können (vgl. Meyer, S.182). Diese lehrerzentrierte Phase geht in ein Lehrer-Schüler-Gespräch über, in welchem die Schüler das Geschehen mit beeinflussen und selbst handelnd aktiv werden.

Im Laufe der Erarbeitungsphase erhält jeder Schüler eine kleine Uhr. Die Lernuhren kommen dem anschaulichen Denken der Grundschulkinder entgegen. Auf diese Weise kann sich jedes Kind das Einstellen der Uhr selbst aktiv handelnd erschließen (vgl. Meyer, S.402). Die Lernuhren haben 2 Seiten: Auf der einen Seite ist die Uhr mit den Zahlen von 1-12, auf der anderen von 1-24 beschriftet. Zu Beginn sollen die Schüler die Seite mit den 24 Stunden verwenden, um sich die Uhrzeiten einzuprägen und vor ihren Augen zu haben. Nach den ersten Aufgaben sollten die Schüler, die sich bereits sicher fühlen, die andere Seite verwenden.

Schließlich erhalten die Schüler ein Arbeitsblatt, für dessen Bearbeitung sie ihre Lernuhren zur Hilfe nehmen können. Ihre Arbeitsblätter dürfen die Schüler selbstständig mit einer Kontrollfolie nachschauen. Sie sind mit der Selbstkontrolle vertraut, wobei ich regelmäßige Stichproben mache, da sich immer wieder Fehler einschleichen. Zu Beginn der Arbeitsphase wende ich mich der Schülerin Maria zu, um mich zu versichern, dass sie trotz ihrer sprachlichen Defizite die Aufgabenstellung verstanden hat. Schüler, die den Pflichtteil des Arbeitsblattes bearbeitet haben, dürfen noch die Rückseite ausfüllen. Die als Differenzierung angefügte Sachaufgaben erfordert eine Einordnung von Uhrzeiten in einen Tagesablauf. Die Schüler müssen hier das bisher Gelernte auf einen neuen Zusammenhang übertragen.

Anstatt in Form von Einzelarbeit hätte ich die Anwendungsphase als Gruppenarbeit gestalten können. Ich habe mich hier jedoch dagegen entschieden, da es mir sehr wichtig ist, dass sich jeder Schüler selbst mit der Thematik gedanklich und handelnd auseinandersetzt.

Zum Abschlussspiel bilden die Schüler nach dem ihnen bekannten System einen Sitzkreis. Da die Bildung des Sitzkreises mit der aktuellen Sitzordnung noch nicht sehr häufig geübt wurde, werde ich den Schülern bei Bedarf zur Hand gehen. Das Abschlussspiel (Beschreibung im Anhang) dient zum einen den Schülern zur Selbstkontrolle, ob sie das Einstellen der Uhr schon gut beherrschen, oder noch etwas Übung benötigen. Zum anderen erhalte ich einen Überblick über den Lernstand der Klasse und einzelner Schüler. So kann ich entscheiden, ob ich in der folgenden Stunde wie geplant fortfahre, oder meine Planung gegebenenfalls überarbeiten muss. Während dieses Spiels sollen die Schüler ihr Handeln erläutern und begründen, so dass allen Schülern das in dieser Stunde Erarbeitete nochmals verdeutlicht wird.

Die Form des Sitzkreises bietet sich hier besonders gut an, da die Schüler die Lernuhren aller Mitschüler sehen und mit ihrer eigenen vergleichen können. Die Kontrolle ist auf diese Weise gegeben, da davon auszugehen ist, dass viele Kinder ihre Uhr richtig eingestellt haben. Die Uhrzeiten werden bewusst nur mit den Ziffern von 1-12 angegeben, um die Schüler mit der gängigen Bezeichnung in ihrem Alltag vertraut zu machen. Allerdings sollen sie auch die „reguläre" Bezeichnung dafür nennen.

Denkbar wären auch andere Spielformen. Ich habe mich aber für dieses Spiel entschieden, da es mir ermöglicht von jedem Schüler eine Rückmeldung zu erhalten.

Bevor die Schüler schließlich den Sitzkreis wieder auflösen, besprechen wir gemeinsam die Hausaufgabe. Diese ist ähnlich aufgebaut wie das Arbeitsblatt der Anwendungsphase.

5.   Lernziele der Unterrichtsstunde

- Die Schüler sollen an der Analoguhr volle Stunden einstellen, ablesen und beide (bzw. 3) Möglichkeiten benennen sowie ihr Tun verbalisieren können.

- Die Schüler sollen erlernen, dass die Uhrzeiten der 2. Tageshälfte entstehen, indem zu den Uhrzeiten der 1. Tageshälfte immer 12 addiert wird.

- Die Schüler sollen die umgangssprachliche Bezeichnung der vollen Stunden der zweiten Tageshälfte (z.B. 15 Uhr statt 3 Uhr) begreifen und anwenden können.

6. Literatur

Drechsler-Köhler, Beate: Bausteine Sachunterricht 2. Kommentare und Kopiervorlagen, Frankfurt am Main, 2003

Guder, Rudolf: Wie lang ist eine Minute? In: Praxis Grundschule Heft 6/1996

Hessisches Kultusministerium: Rahmenplan Grundschule, Wiesbaden, 1995.

Keller, Karl-Heinz & Pfaff, Peter: Das Mathebuch 2, Handbuch, 2000, Offenburg, (Mildenberger Verlag)

Meyer, Hilbert: Unterrichtsmethoden. Band II: Praxisband, 3. Aufl. 1990, Frankfurt am Main

Meyers Großes Taschenlexikon: In 24 Bänden, 3., aktualisierte Aufl., Mannheim, Wien Zürich, 1990

Nitschel, Silke & Rothe, Diane: Kinder, wie die Zeit vergeht, In: Grundschulunterricht Heft 12/2002

Radatz, Hendrick, Schipper, Wilhelm, Dröge, Rotraut & Ebeling, Astrid: Handbuch für den Mathematikunterricht. 2. Schuljahr, 1998, Hannover

Wittmann, Erich Ch. & Müller, Gerhard N. Handbuch produktiver Rechenübungen. Band 1: Vom Einspluseins zum Einmaleins, 2. überarb. Aufl., 1994, Stuttgart, Düsseldorf, Berlin, Leipzig

Quellen aus dem Internet:

Verschiedene Autoren: http://de.wikipedia.org/wiki/Uhr, Zugriff am 3.3.2006

Verschiedene Autoren: http://de.wikipedia.org/wiki/Zeit, Zugriff am 3.3.2006

Hoffmann, Christoph: http://archiv.christoph-hoffmann.de/ESS/Semi/DieZeit.pdf, Zugriff am 3.3.2006

7. Anhang

- <u>Spielbeschreibung:</u>
Die Schüler bekommen Sätze vorgelesen, welche eine Uhrzeit enthalten. Die Uhrzeiten werden alle nur von 1-12 Uhr angegeben, auch wenn damit eine Uhrzeit am Nachmittag oder Abend gemeint ist. Die Schüler sollen jeder für sich ihre Lernuhr entsprechend einstellen. Schließlich zeigen auf ein Kommando alle Schüler gleichzeitig ihre Lernuhr im Kreis. Auf diese Weise kann jeder Schüler kontrollieren, ob er seine Uhr richtige eingestellt hat. Schließlich müssen die Schüler noch sagen, ob mit der Uhrzeit eine Zeit der ersten oder der zweiten Tageshälfte gemeint ist. Wenn es eine Uhrzeit der 2. Tageshälfte ist, sollen sie die „reguläre" Bezeichnung dazu nennen.

8. Unterrichtsverlaufsplanung

Zeit	Phasen	Inhalt / Unterrichtsgeschehen	Unterrichts-formen	Medien
8.00 - 8.05	Einstieg	- An die Tafel werden 2 Bilder geheftet. Das 1. Bild zeigt ein schlafendes Kind. Auf dem 2. Bild ist eine Familie beim Mittagessen zu sehen. Auf beiden Bildern ist eine Wanduhr zu sehen, welche „1 Uhr" bzw. „13 Uhr" anzeigt. Die Schüler sollen feststellen, dass trotz gleicher Einstellung der Uhr, zwei verschiedene Tageszeiten gemeint sind. - Die Ss sollen dass Problem erkennen, dass die Analoguhr nur 12, der Tag aber 24 Stunden hat.	St. Bildimpuls LS-Gespräch	2 Bilder, Tafel, Magnete
8.05 - 8.15	Erarbei-tung	- Auf dem OHP liegt eine transparente Uhr, anhand welcher L und Ss gemeinsam die Einteilung der 24 Stunden besprechen. Hierzu stellt L bei „1 Uhr" beginnend den Zeiger immer eine Stunde weiter. Die Schüler nennen gemeinsam die jeweils angezeigte Uhrzeit. Ab „13 Uhr" sagen wir: „13 Uhr' ist wie ‚1 Uhr'". Im Gespräch möchte ich mit den Schülern erarbeiten, dass die Uhrzeiten der zweiten Tageshälfte entstehen, indem zu den Uhrzeiten der ersten Tageshälfte immer 12 addiert wird. Während des Einstellens der Uhrzeiten soll das Konzept des Verbindens der Uhrzeiten mit dem Alltag der Schüler aus dem Bildimpuls wieder aufgenommen werden. Z.B. soll die Verbindung zwischen 8 Uhr und dem Schulanfang hergestellt werden. Die Ss erhalten während dieser Phase ihre Lernuhren und üben gemeinsam mit L das Einstellen und Benennen der Uhrzeiten anhand alltagsbezogener Aufgaben.	LS-Gespräch	OHP, Leinwand, Verlänge-rungska-bel, 2 Lehreruhren, Lernuhren,
8.15 - 8.30	Anwen-dung	- L bespricht mit den Ss das AB: Auf diesem gibt es unterschiedliche Aufgabentypen: Die Ss sollen zu analogen Uhrzeiten die beiden (bei „12 Uhr" alle 3) Uhrzeiten notieren oder die beiden Zeiger in eine „Blanko-Uhr" einzeichnen. Auf der Rückseite (mit einem Sternchen gekennzeichnet) ist eine weiterführende Aufgabe zur Differenzierung für schnelle Ss. - Die Ss bearbeiten das AB und kontrollieren es selbstständig mit den Kontrollfolien. - L steht für Fragen zur Verfügung und hilft der Schülerin Maria.	LS-Gespräch Einzelarbeit	AB I, Kontrollfolien, Lernuhren
8.30 - 8.45	Siche-rung	- Ss bilden einen Sitzkreis. - L und Ss spielen das Abschlussspiel. Hierbei sollen die Schüler ihr Handeln erläutern und begründen. - L erläutert die Hausaufgabe. - Ss lösen den Sitzkreis wieder auf.	S.aktivität Spiel im Sitz-kreis L-Vortrag S.aktivität	Lernuhren, AB II für die Hausauf-gabe